DINAMISMO
DOS MOVIMENTOS

Leandro Bertoldo

Leandro Bertoldo
Dinamismo dos Movimentos

Leandro Bertoldo
Dinamismo dos Movimentos

De: _____

Para: _____

_____

_____

Leandro Bertoldo
Dinamismo dos Movimentos

Dedico este livro a minha esposa
Daisy Menezes Bertoldo.

Leandro Bertoldo
Dinamismo dos Movimentos

Leandro Bertoldo
Dinamismo dos Movimentos

"Estamos, no mundo natural, continuamente
cercado de mistérios que não podemos penetrar".

Ellen Gould White
(1827-1915)
Escritora, conferencista, conselheira,
educadora norte-americana e cofundadora da
Igreja Adventista do Sétimo Dia.

Leandro Bertoldo
Dinamismo dos Movimentos

Leandro Bertoldo
Dinamismo dos Movimentos

Sumário

Dados biográficos
Prefácio

Leandro Bertoldo
Dinamismo dos Movimentos

Dados biográficos

Leandro Bertoldo é escrevente, professor, cientista em exatas, palestrante e um prolífero escritor, que até o presente momento proferiu 2.000 palestras e publicou mais de 80 livros, com mais de 30.000 exemplares distribuídos.

Os seus livros são conhecidos em todo o Brasil e fora dele. Suas obras apresentam diferentes seguimentos e estilos literários.

Dedicado aos estudos, fez as faculdades de Física (1981) e de Direito (2004) na Universidade de Mogi das Cruzes – UMC.

Nasceu em 1959 na cidade de São Paulo - SP. É filho primogênito de José Bertoldo Sobrinho (1926-2004), e de Anita Leandro Bezerra (1941-2010). Seu irmão Francisco Leandro Bertoldo (1961) é oficial de justiça em Itaquaquecetuba – SP.

Desde 25 de junho de 1992 está casado com Daisy Menezes Bertoldo (1963), funcionária do Tribunal de Justiça do Estado de São Paulo. Tornou-se dono dos amorosos cachorros: Fofa, Pitucha, Calma, Mimo e Serena.

Sua filha, Beatriz Maciel Bertoldo (1982), fruto do seu primeiro casamento com Francineide Maciel, é advogada em Mogi das Cruzes - SP. Ela está casada com Vicente Alves dos Santos Júnior, e tem um filho chamado Samuel Bertoldo Alves dos Santos (2016).

O seu interesse pela área de exatas vem desde os 17 anos de idade, quando começou a escrever algumas teses originais sobre assuntos inéditos a respeito dos grandes temas da Física e da Matemática.

No início da década de oitenta, quando ainda era graduando no curso de Ciências Exatas e Tecnológicas na Universidade de Mogi das Cruzes – UMC – o autor desenvolveu muitas de suas grandes teses científicas, que resultaram em vários livros.

Todos os seus livros de exatas defendem teses inéditas em Física e Matemática. Entre eles, destacam-se: "Teoria Matemática e Mecânica do Dinamismo" (2002); "Teses da Física Clássica e Moderna" (2003); Colisões e Deformações (2015); "Cálculo Seguimental" (2005); "Artigos Matemáticos" (2006) e "Geometria Leandroniana" (2007), discutidos por grupos de graduandos em várias universidades do país.

Prefácio

O presente livro intitulado "Dinamismo dos Movimentos" encontra-se dividido em sete capítulos, os quais estabelecem o estudo da relação existente entre a Teoria do Dinamismo e a Teoria do Movimento.

Neste livro, as mais diversas espécies de movimento, tais como repouso, movimento uniforme, movimento uniformemente variado, movimento dinâmico uniformemente variado e movimento dinamizado uniformemente variado, são analisados sob a perspectiva das grandezas físicas estudas pela Teoria do Dinamismo.

Desse modo, conceitos como Força Externa, Força Dinâmica, Força de Inércia, Força Induzida são relacionados com os conceitos de Celeridade, Agilidade, Quantidade Espacial, Variação de Força Externa, Fluxo de Força, Variação do Fluxo de Força, Forcejo.

Na elaboração dessa obra, o autor procurou evitar o máximo possível o uso de qualquer matemática complexa, tendo em vista que procura alcançar o maior número possível de pessoas que possam compreender as suas inusitadas descobertas científicas.

Por isso todas as suas provas, demonstrações e raciocínios foram baseadas na álgebra elementar, que a maioria das pessoas aprende no ensino fundamental.

É o ardente desejo do autor que as pesquisas contidas nesse livro possam inspirá-los a realizar as suas próprias descobertas científicas.

leandrobertoldo@ig.com.br

Leandro Bertoldo
Dinamismo dos Movimentos

1. Introdução Geral

1. Introdução

Neste capítulo serão apresentados os conceitos gerais e necessários à compreensão de uma grande diversidade de movimento verificada sob a perspectiva da teoria do Dinamismo. Também será considerada a classificação de alguns tipos de movimento, bem como as equações fundamentais que regem cada um desses movimentos.

2. Dinamismo

Dinamismo é a parte da Mecânica que estuda os mais diferentes tipos de movimento em relação às forças necessárias para os provocarem. Na verdade a teoria do Dinamismo generalizou e fundiu a *Cinemática* e a *Dinâmica* num único corpo teórico altamente consiste.

3. Força

A *força* é o agente que provoca deformações e movimentos. E, conforme Robert Hook (1635-1703) descobriu, a intensidade de uma força é diretamente proporcional às deformações elásticas que provoca.

Simbolicamente o referido enunciado é expresso pela seguinte igualdade:

Leandro Bertoldo
Dinamismo dos Movimentos

$$F = k . x$$

4. Força Externa

A *força externa* é a ação aplicada por uma fonte produtora qualquer sobre um corpo. E, conforme Isaac Newton (1642-1727) estabeleceu, a intensidade de força externa que atua sobre um corpo é igual ao produto existente entre a massa desse corpo pela aceleração adquirida.

Simbolicamente o referido enunciado é expresso pela seguinte igualdade:

$$F = m . \alpha$$

5. Força Dinâmica

A *força dinâmica* é a resultante da força externa, após esta vencer a *força de inércia* exercida pelo corpo. E, conforme Leandro Bertoldo descobriu, a força dinâmica é definida como sendo igual ao produto existente entre uma constante universal, denominada por estímulo, pela aceleração que o corpo adquire.

Simbolicamente o referido enunciado é expresso pela seguinte igualdade:

$$f = e . \alpha$$

6. Força de Inércia

A matéria exerce uma oposição à variação de movimento. Essa oposição é denominada por *força de inércia*. E, conforme Leandro Bertoldo estabeleceu, a força de inércia é definida como sendo igual à diferença entre a força externa pela força dinâmica.

Simbolicamente o referido enunciado é expresso pela seguinte igualdade:

$$I = F - f$$

A força de inércia aqui entendida é um conceito técnico diferente daquele defendido na obra de Isaac Newton.

7. Força Induzida

A *força induzida* é a grandeza física responsável, de forma direta, pela velocidade adquirida pelos corpos. Tal força é comunicada ao móvel por um processo de *indução* oriunda, a princípio da ação da força externa. A força induzida apresenta a propriedade de se acumular e se conservar no móvel, mantendo o próprio movimento. Segundo os resultados obtidos por Leandro Bertoldo, a variação da força induzida é igual ao produto existente entre a força dinâmica pela variação de tempo.

O referido enunciado é expresso simbolicamente pela seguinte igualdade:

$$\Delta i = f \cdot \Delta t$$

Também pode ser demonstrado matematicamente que a força induzida é igual ao produto existente entre o estímulo pela velocidade do móvel. Simbolicamente o referido enunciado é expresso pela seguinte igualdade:

$$i = e \cdot V$$

Essa expressão matemática mostra que a força induzida e a velocidade de um corpo guardam uma relação de proporção. Quanto maior for a força induzida, tanto maior será a velocidade do móvel. Se a força induzida for nula a velocidade também será nula. Uma velocidade nula indica um corpo em repouso. Portanto, uma força induzida nula indica um corpo num estado inerte. Logo, na ausência de força induzida um corpo está em repouso.

8. Velocidade

A *velocidade* é a grandeza física que avalia a *intensidade do movimento*. Desse modo, um movimento será tanto mais intenso quanto maior for a velocidade desenvolvida pelo móvel.

No movimento uniforme, a velocidade é definida matematicamente como sendo igual à relação existente entre a variação de espaço pela variação de tempo. Sendo que esse enunciado pode ser expresso simbolicamente pela seguinte relação:

$$V = \Delta S/\Delta t$$

9. Aceleração

A *aceleração* é uma grandeza física que avalia a *variação de velocidade* no decorrer do tempo. Quanto maior for a aceleração tanto maior será a variação de velocidade de um móvel num intervalo de tempo.

No *movimento uniformemente variado*, a aceleração é definida matematicamente como sendo igual à relação entre a variação de velocidade pela variação de tempo.

O referido enunciado é expresso simbolicamente pela seguinte relação:

$$\alpha = \Delta V / \Delta t$$

10. Celeridade

A *celeridade* é uma grandeza física que avalia a variação de aceleração no decorrer do tempo. Assim, quanto maior for a celeridade tanto maior será a variação de aceleração de um móvel num intervalo de tempo.

No *movimento dinâmico uniformemente variado*, a celeridade é definida matematicamente como sendo igual a relação entre a variação de aceleração pela variação de tempo.

Simbolicamente o referido enunciado é expresso pela seguinte relação:

$$\beta = \Delta \alpha / \Delta t$$

11. Agilidade

A *agilidade* é uma grandeza física que avalia a variação de celeridade no decorrer do tempo. Dessa forma pode-se afirmar que quanto maior for a agilidade, tanto maior será a variação de celeridade do móvel num dado intervalo de tempo.

No *movimento dinamizado uniformemente variado*, a agilidade é igual ao quociente da variação da celeridade, inversa pela variação de tempo. O referido enunciado é expresso, simbolicamente, pela seguinte relação:

$$\omega = \Delta \beta / \Delta t$$

12. Quantidade Espacial

No *repouso* a *quantidade espacial* é definida como sendo igual ao produto existente entre a massa pela posição ocupada pelo corpo.

Simbolicamente o referido enunciado é expresso pela seguinte igualdade:

$$\psi = m \cdot S$$

Tal resultado dispensa maiores comentários tendo em vista que o mesmo já foi discutido no livro anterior.

13. Variação da Quantidade Espacial

No *movimento uniforme* a *variação da quantidade espacial* é igual ao produto entre a massa do corpo pela variação de espaço.

Simbolicamente o referido enunciado é expresso pela seguinte igualdade:

$$\Delta\psi = m \cdot \Delta S$$

14. Quantidade de Movimento

No *movimento uniforme* a *quantidade de movimento* é igual ao quociente da variação da quantidade espacial, inversa pela variação de tempo.

O referido enunciado é expresso simbolicamente pela seguinte relação:

$$Q = \Delta\psi/\Delta t$$

Como $(\Delta\psi = m \cdot \Delta S)$ e $(V = \Delta S/\Delta t)$, pode-se concluir que a quantidade de movimento é igual ao produto entre a massa do corpo por sua velocidade. Simbolicamente o referido enunciado é expresso pela seguinte igualdade:

$$Q = m \cdot V$$

15. Variação da Quantidade de Movimento

No *movimento uniformemente variado* a *variação de quantidade de movimento* é igual ao produto entre a massa do corpo por sua variação de velocidade. O referido enunciado é expresso de forma simbólica pela seguinte igualdade:

$$\Delta Q = m \cdot \Delta V$$

16. Força Externa e Quantidade de Movimento

No *movimento uniformemente variado*, a *força externa* que atua sobre um corpo é igual ao quociente da variação da quantidade de movimento, inversa pela variação de tempo.

Simbolicamente o referido enunciado é expresso pela seguinte relação:

$$F = \Delta Q/\Delta t$$

Como $(\Delta Q = m \cdot \Delta t)$ e $(\Delta V = \alpha \cdot \Delta t)$, pode-se afirmar que a força externa aplicada sobre um corpo é igual ao produto entre sua massa pela aceleração adquirida.

Simbolicamente o referido enunciado é expresso pela seguinte igualdade:

$$F = m . \alpha$$

17. Variação de Força Externa

No *movimento dinâmico uniformemente variado*, a força externa sofre uma *variação* igual ao produto entre a massa desse corpo pela variação de aceleração que apresenta. Simbolicamente o referido enunciado é expresso pela seguinte igualdade:

$$\Delta F = m . \Delta\alpha$$

18. Fluxo de Força

No *movimento dinâmico uniformemente variado* o *fluxo de força* é igual ao quociente da variação da força externa, inversa pela variação de tempo. Sendo que o referido enunciado é expresso simbolicamente pela seguinte relação:

$$\phi = \Delta F / \Delta t$$

Como ($\Delta F = m . \Delta\alpha$) e ($\Delta\alpha = \beta . \Delta t$), pode-se concluir que o fluxo de força é igual ao produto existente entre a massa do corpo por sua celeridade. Simbolicamente o referido enunciado é expresso pela seguinte igualdade:

$$\phi = m . \beta$$

Leandro Bertoldo
Dinamismo dos Movimentos

19. Variação do Fluxo de Força

No *movimento dinamizado uniformemente variado* a *variação do fluxo de força* é igual ao produto da massa do corpo pela variação da celeridade. O referido enunciado é expresso, simbolicamente, pela seguinte igualdade:

$$\Delta\phi = m \cdot \Delta\beta$$

20. Forcejo

No *movimento dinamizado uniformemente variado* o *forcejo* é igual ao quociente da variação de fluxo de força, inversa pela variação de tempo.

o referido enunciado é expresso simbolicamente pela seguinte relação:

$$\varphi = \Delta\phi/\Delta t$$

Como $(\Delta\phi = m \cdot \Delta\beta)$ e $(\Delta\beta = \omega \cdot \Delta t)$, pode-se concluir que o forcejo é igual ao produto existente entre a massa do corpo por sua agilidade.

Simbolicamente o referido enunciado é expresso pela seguinte igualdade:

$$\varphi = m \cdot \omega$$

21. Classificação dos Movimentos

Os mais diferentes tipos de movimentos são classificados conforme os efeitos da ação das forças externas aplicadas sobre o móvel.

Nessa obra será considerada a avaliação dos fenômenos que ocorrem em quatro categorias de movimentos, a saber:

I - Movimento Uniforme

No movimento uniforme a força externa aplicada sobre o corpo, cessa de atuar e a força induzida passa a permanecer constante e conservada no movimento. Nessas condições tem-se o seguinte resultado:

$$F = 0 \Rightarrow i = cte$$

II - Movimento Uniformemente Variado

No movimento uniformemente variado a força externa aplicada sobre um corpo permanece constante e atuante, provocando o efeito de uma força dinâmica constante.

$$F = cte \Rightarrow f = cte$$

III - Movimento Dinâmico Uniformemente Variado

No movimento dinâmico uniformemente variado a força externa aplicada sobre o corpo varia uniformemente no decorrer do tempo, ocasionando uma intensificação de força constante.

$$F = Var\ (t) \Rightarrow \eta = cte$$

IV - Movimento Dinamizado Uniformemente Variado

O movimento dinamizado uniformemente variado é caracterizado pela ação de uma força externa aplicada sobre o corpo e que varia uniformemente com o quadrado do tempo, provocando uma impulsão de força constante.

$$F = Var\ (t^2) \Rightarrow \mu = cte$$

2. Repouso

1. Introdução

O presente capítulo procura apresentar o estudo do *repouso* dentro do contexto da ciência do *Dinamismo*. Aqui serão considerados alguns conceitos fundamentais à compreensão da mecânica do movimento e do estado de *repouso* de um corpo.

2. Ponto Material

Considera-se *ponto material* qualquer corpo cujas formas e dimensões são totalmente desprezadas por não interferirem na análise do movimento.

3. Móvel

Todo e qualquer corpo ou ponto material em movimento é denominado por *móvel*.

4. Massa

A *massa* é uma grandeza escalar definida como sendo a *quantidade de matéria* que um corpo encerra.

5. Posição

A *posição* é a *localização* de um ponto material no espaço. Ela fica perfeitamente determinada pela distância desse ponto em relação a um referencial (ponto de referência).

6. Trajetória

A *trajetória* pode ser definida como sendo o *percurso descrito* por um ponto material em movimento. Também se trata de um conceito que depende de um sistema de referência.

7. Referencial

Para a avaliação de qualquer movimento é absolutamente necessário estabelecer um *referencial*. Desse modo, o referencial é um ponto qualquer em relação ao qual se considera o comportamento de um móvel.

8. Movimento

Um *ponto material* está em movimento em relação a um referencial, quando a sua posição *varia* com o passar do tempo. Logo, o conceito de movimento é relativo ao sistema de referência.

9. Repouso

Um corpo está em *repouso* quando a sua posição em relação a um referencial *não* se modifica com o decorrer do tempo. Portanto, o conceito de repouso é relativo ao sistema de referência.

10. Espaço

O *espaço* é uma grandeza física associada ao movimento que permite *avaliar* a variação de posição de um ponto material.

11. Variação de Espaço

A *variação de espaço* é a diferença matemática existente entre a posição posterior pela anterior. Simbolicamente o referido enunciado é expresso pela seguinte igualdade:

$$\Delta S = S - S_0$$

12. Tempo

O *tempo* é uma grandeza fundamental na Física, pois boa parte dos fenômenos é analisada em relação à variação de tempo.

A ideia de tempo, a princípio, é intuitiva. Sua noção básica é caracterizada pelo conceito subjetivo da sensação do *antes* e do *depois*. É avaliado quantitativamente de forma incidental por meio de qualquer fenômeno que se repete de forma uniforme e regular, como por exemplo, o ciclo do dia e da noite.

Leandro Bertoldo
Dinamismo dos Movimentos

13. Variação de Tempo

A *variação de tempo* é igual à diferença matemática existente entre um instante *posterior* por um instante *anterior*. O referido enunciado é expresso, simbolicamente, pela seguinte igualdade:

$$\Delta t = t - t_0$$

14. Posição Dinâmica

Por uma questão de simetria entre os diferentes tipos de movimentos, define-se uma grandeza física denominada por *posição dinâmica*. Ela é igual ao produto entre o estímulo pela posição do ponto material.

Simbolicamente o referido enunciado é expresso pela seguinte equação:

$$\gamma = e \cdot S$$

15. Propriedades do Repouso

O repouso possui algumas propriedades interessantes, a saber:

a) Para cada ponto material do universo, a posição dinâmica é constante.

b) O ponto material não possui movimento.

c) O ponto material não apresenta força induzida.

Leandro Bertoldo
Dinamismo dos Movimentos

16. Força Externa

No *repouso* a *força externa é vazia*. Ou seja, neste universo não existe forças que venham a ser aplicada sobre qualquer ponto material. Simbolicamente o conceito de força externa vazia é expresso por:

$$F = (\ )$$

Não existindo forças externas, também não há propriedades cinemáticas ou dinâmicas.

17. Relação entre Posição Dinâmica e Quantidade Espacial

Foi apresentada a seguinte verdade:

a) $\psi = m \cdot S$
b) $\gamma = e \cdot S$

Dividindo membro a membro as referidas expressões, resulta que:

$$\psi/\gamma = m \cdot S/e \cdot S$$

Eliminando os termos em evidência, vem que:

$$\psi/\gamma = m/e$$

Portanto, pode-se escrever que:

$$\gamma = e \cdot \psi/m$$

Assim pode-se afirmar que a posição dinâmica é diretamente proporcional à quantidade espacial e inversamente proporcional à massa do corpo. A constante de proporcionalidade é denominada por *estímulo*.

Leandro Bertoldo
Dinamismo dos Movimentos

3. Movimento Uniforme

1. Introdução

No presente capítulo será considerado o estudo do *movimento uniforme*. Será discutida a causa desse movimento, bem como a sua relação com a força induzida. Também serão apresentadas as principais equações que caracterizam esse movimento.

2. Velocidade

A *velocidade* é uma grandeza física que mede a variação de posição de um móvel no decorrer do tempo.

Desse modo em um instante (t_1) sua posição corresponde a (S_1) e num instante posterior (t_2) sua posição corresponde a (S_2). No intervalo de tempo $(\Delta t = t_2 - t_1)$, a variação de posição $(\Delta S = S_2 - S_1)$ é denominada por *espaço*.

Assim, a velocidade é definida como sendo igual ao quociente da variação de posição, inversa pela variação de tempo.

Simbolicamente o referido enunciado é expresso pela seguinte relação:

$$V = \Delta S / \Delta t$$

Leandro Bertoldo
Dinamismo dos Movimentos

3. Característica do Movimento Uniforme

No movimento uniforme o móvel percorre *distâncias iguais* em intervalos de *tempos iguais*. Nestas condições sua velocidade media em qualquer intervalo de tempo é *constante* e sempre igual à velocidade instantânea em qualquer instante.

Simbolicamente o referido enunciado é expresso pela seguinte relação:

$$V_m = V$$

4. Quantidade de Movimento

No movimento uniforme o *espaço* varia uniformemente no decorrer do tempo. Portanto pode-se definir uma grandeza física denominada por *quantidade de movimento*.

No movimento uniforme a quantidade de movimento é igual ao quociente da variação do momento espacial, inversa pela variação de tempo.

Simbolicamente o referido enunciado é expresso pela seguinte relação:

$$Q = \Delta\psi/\Delta t$$

5. Quantidade de Movimento Médio

A *quantidade de movimento* é uma grandeza física associada à dinâmica dos corpos em movimento uniforme e avalia a variação do momento espacial no decorrer do tempo.

No movimento uniforme o móvel apresenta momentos espaciais iguais em intervalos de tempo iguais. Assim a quantidade de movimento médio em qualquer intervalo de tempo permanece constante, sendo igual à quantidade de movimento em qualquer instante.

Simbolicamente o referido enunciado é expresso pela seguinte igualdade:

$$Q_m = Q$$

6. Força Induzida

No presente estudo ficou bem definido que no movimento uniforme a velocidade de um móvel é igual a relação entre a variação de espaço pela variação de tempo.

Simbolicamente o referido enunciado é expresso pela seguinte igualdade:

$$V = \Delta S/\Delta t$$

Porém, nesse movimento, o espaço varia uniformemente no decurso do tempo. Isto significa que a posição dinâmica também varia uniformemente no decorrer do tempo. Simbolicamente pode-se escrever que:

$$\gamma_2 - \gamma_1 = e \cdot (S_2 - S_1)$$

Desse modo chega-se à definição de uma grandeza física denominada por *força induzida*.

No movimento uniforme a força induzida transportada por um móvel é igual ao quociente da variação da posição dinâmica, inversa pela variação de tempo. Simbolicamente o referido enunciado é expresso pela seguinte relação:

$$i = \Delta\gamma/\Delta t$$

Leandro Bertoldo
Dinamismo dos Movimentos

Logo se pode concluir que a força induzida é uma grandeza física associada ao Dinamismo dos corpos em movimento uniforme e avalia a variação da posição dinâmica do móvel no decorrer do tempo.

Assim, no movimento uniforme, o móvel apresenta posições dinâmicas iguais em intervalos de tempos iguais.

7. Força Induzida Média e Instantânea

No movimento uniforme a posição dinâmica varia de forma uniforme no decorrer do tempo. A força induzida transportada pelo móvel nesse tipo de movimento é medida pela variação da posição dinâmica em relação ao tempo.

Desse modo no movimento uniforme a força induzida é constante no decorrer do tempo. Portanto, a força induzida instantânea é a própria força induzida média. Simbolicamente o referido enunciado é expresso pela seguinte igualdade:

$$i = i_m$$

8. Relação entre Velocidade e Força Induzida

Foi apresentada a seguinte verdade:

a) $i = \Delta\gamma/\Delta t$
b) $V = \Delta S/\Delta t$

Substituindo convenientemente as duas últimas expressões, vem que:

$$i/V = \Delta\gamma/\Delta S$$

9. Relação entre Força Induzida e Quantidade de Movimento

No presente estudo foi demonstrada a realidade das seguintes definições:

a)　　$i = \Delta\gamma/\Delta t$
b)　　$Q = \Delta\psi/\Delta t$

Substituindo convenientemente as duas últimas expressões, vem que:

$$Q/i = \Delta\psi/\Delta\gamma$$

10. Equação da Posição Dinâmica

No capítulo anterior ficou claro que a posição dinâmica é definida como sendo igual ao produto entre o estímulo pela posição de um ponto material.

Simbolicamente o referido enunciado é expresso pela seguinte igualdade:

$$\gamma = e \cdot S$$

Porém, no movimento uniforme, a posição dinâmica varia uniformemente no decorrer do tempo, indicando uma variação de espaço que ocorre de forma uniforme com o passar do tempo.

Portanto, seja (γ_1) a posição dinâmica do móvel num ponto (S_1). Seja (γ_2) a posição dinâmica do móvel num novo ponto (S_2).

Logo, para o movimento uniforme, a posição dinâmica pode ser expressa pela seguinte equação:

$$\Delta\gamma = e \cdot \Delta S$$

Desse modo, no movimento uniforme, a variação de posição dinâmica é igual ao produto existente entre o estímulo pela variação de espaço sofrida pelo móvel.

11. Equação da Força Induzida

Foi demonstrada a realidade das seguintes equações:

a) $i/V = \Delta\gamma/\Delta S$
b) $e = \Delta\gamma/\Delta S$

Substituindo convenientemente as duas últimas expressões, resulta que:

$$e = i/V$$

Ou seja:

$$i = e \cdot V$$

Logo, pode-se concluir que a força induzida num móvel em movimento uniforme é constante e igual ao produto existente entre seu estímulo pela velocidade que adquire.

A referida expressão é a equação fundamental que caracteriza a dinâmica do movimento uniforme.

12. Relação (I)

Foi demonstrada a seguinte verdade:

a) $Q/i = \Delta\psi/\Delta\gamma$
b) $\Delta\psi = m \cdot \Delta S$
c) $\Delta\gamma = e \cdot \Delta S$

Substituindo convenientemente as três últimas expressões, vem que:

$$m \cdot \Delta S/e \cdot \Delta S = Q/i$$

Eliminando os termos em evidência, vem que:

$$m/e = Q/i$$

Portanto pode-se escrever que:

$$i = e \cdot Q/m$$

Assim conclui-se que a força induzida é diretamente proporcional à quantidade de movimento e inversamente proporcional à massa do móvel.

Nesta expressão a constante de proporcionalidade é o próprio *estímulo*.

13. Relação (II)

No presente estudo foi considerada a seguinte realidade:

a) $\Delta S/\Delta\gamma = Q/i$

Leandro Bertoldo
Dinamismo dos Movimentos

b) $Q = m . V$
c) $i = e . V$

Substituindo convenientemente as três últimas expressões, vem que:

$$\Delta S/\Delta\gamma = m . V/e . V$$

Eliminando os termos em evidência, vem que:

$$\Delta S/\Delta\gamma = m/e$$

Portanto, pode-se escrever que:

$$\Delta\gamma = e . \Delta S/m$$

Assim conclui-se que a variação de posição dinâmica é diretamente proporcional à variação de espaço e inversamente proporcional à massa do móvel.

Nesta expressão a constante de proporcionalidade é denominada por *estímulo*.

14. Força dinâmica no Movimento Uniforme

No movimento uniforme a força dinâmica é *nula* e a força induzida é *constante*.

Como o móvel está em movimento uniforme, isto significa que no passado ele esteve sob a ação de uma força dinâmica, mas essa força deixou de atuar, ou seja, tornou-se nula.

Simbolicamente o referido enunciado é expresso pela seguinte igualdade:

$$f = 0$$

Logo, num movimento uniforme qualquer, a força dinâmica que atua num móvel é nula. Esta é a característica fundamental desse tipo de movimento.

15. Posição Dinâmica Média

A posição dinâmica, no intervalo de tempo ($\Delta t = t_2 - t_1$) é a média aritmética entre a posição dinâmica (γ_1) no início do intervalo de tempo e a posição dinâmica (γ_2) no final desse intervalo.

Simbolicamente o referido enunciado é expresso pela seguinte relação matemática:

$$\gamma_m = (\gamma_1 + \gamma_2)/2$$

A referida expressão para a posição dinâmica média é válida somente quando a posição dinâmica instantânea varia linearmente com o decorrer do tempo, ou seja, quando a força induzida é constante.

Quando esse fenômeno ocorre, a posição dinâmica média é a média aritmética de (γ_1) e (γ_2). Ela representa uma propriedade característica do movimento uniforme.

16. Classificação do Movimento Uniforme

A posição dinâmica apresentada por um móvel pode ser positiva ou negativa. É positiva quando ($\gamma_1 > \gamma_2$) e, negativa quando ($\gamma_1 < \gamma_2$). É evidente que o sinal da variação da posição dinâmica determina o sinal da força induzida.

Diante desta situação o movimento uniforme pode ser classificado da seguinte maneira:

I - Movimento Progressivo
No movimento progressivo a força induzida é *positiva*. Isto indica que o móvel desloca-se a *favor* da orientação positiva da posição dinâmica ($\gamma_1 > \gamma_2$). Portanto pode-se escrever que: **(i > 0)**

II - Movimento Retrógrado
No movimento retrógrado a força induzida é *negativa*. Logo se conclui que o móvel desloca-se *contra* a orientação positiva da posição dinâmica ($\gamma_1 < \gamma_2$). Assim pode-se escrever que: **(i < 0)**

17. Função Posição Dinâmica (I)

No movimento uniforme a força induzida é definida como sendo igual à relação entre a variação da posição dinâmica pela variação de tempo. Simbolicamente o referido enunciado é expresso pela seguinte relação:

$$i = \Delta\gamma/\Delta t$$

Porém, sabe-se que:

a) $\Delta\gamma = \gamma_2 - \gamma_1$
b) $\Delta t = t_2 - t_1$

Portanto pode-se escrever que:

$$i = (\gamma_2 - \gamma_1)/(t_2 - t_1)$$

Leandro Bertoldo
Dinamismo dos Movimentos

Entretanto, se (t_1 = 0) então a posição dinâmica (γ_1) é denominada por *posição dinâmica inicial*, sendo indicada por (γ_0).

E sendo (t) um instante qualquer, tem-se em correspondência a posição dinâmica (γ) caracterizada no instante considerado.

Portanto a última expressão pode ser escrita da seguinte maneira:

$$i = (\gamma - \gamma_0)/t$$

O que resulta na seguinte função:

$$\gamma = \gamma_0 + i \cdot t$$

A referida função relaciona a variação de posição dinâmica no decorrer do tempo. Nela (γ_0) e (i) são grandezas físicas constantes e, logicamente, a cada valor de (t) há um correspondente valor de (γ).

18. Função Posição Dinâmica (II)

No presente estudo foi demonstrada a seguinte verdade:

a) $\Delta\gamma = e \cdot \Delta s$
b) $\Delta S = V \cdot t$

Substituindo convenientemente as duas últimas expressões, resulta que:

$$\Delta\gamma = e \cdot V \cdot t$$

Porém, como ($\Delta\gamma = \gamma - \gamma_0$), pode-se escrever que:

$$\gamma = \gamma_0 + e \cdot V \cdot t$$

A referida função estabelece o valor da posição dinâmica em relação ao tempo. Nela as grandezas físicas (γ_0), (e) e (V) são constantes e a cada valor de (t) obtém-se um correspondente valor de (γ).

19. Função Posição Dinâmica (III)

No presente capítulo foi demonstrada a realidade da seguinte expressão:

$$\Delta\gamma = e \cdot \Delta S$$

Porém, sabe-se que:

a) $\Delta\gamma = \gamma - \gamma_0$
b) $\Delta S = S - S_0$

Substituindo convenientemente as três últimas expressões, pode-se escrever que:

$$\gamma = \gamma_0 + e \cdot (S - S_0)$$

A referida função relaciona a posição dinâmica no espaço assumido pelo móvel. Nela, as grandezas físicas (γ_0), (e) e (s_0), são constantes e, portanto, a cada valor de (S) há um correspondente valor de (γ).

4. Movimento Uniformemente Variado

1. Introdução

No presente capítulo serão consideradas as principais propriedades do Dinamismo no *movimento uniformemente variado*.

Este tipo de movimento é caracterizado por uma força dinâmica de intensidade constante no decorrer do tempo.

Aqui será analisado o conceito de força dinâmica, bem como a sua relação com as diversas propriedades dos fenômenos que envolvem o movimento uniformemente variado.

2. Aceleração

No movimento uniformemente variado a velocidade do móvel sofre variações uniformes no decorrer do tempo. E para avaliar a variação dessa velocidade, define-se uma grandeza física denominada por *aceleração*.

A aceleração é uma grandeza física associada à cinemática que avalia a variação da velocidade do móvel no decorrer do tempo. Ela é definida como sendo igual ao quociente da variação de velocidade, inversa pela variação de tempo.

O referido enunciado é expresso simbolicamente pela seguinte relação:

$$\alpha = \Delta V/\Delta t$$

3. Movimento Uniformemente Variado e Aceleração

No movimento uniformemente variado, a velocidade do móvel varia de forma uniforme no decorrer do tempo. Nestas condições, o móvel apresenta velocidades iguais em intervalos de tempos iguais. Em outros termos, a variação de velocidade é sempre a mesma dentro do mesmo intervalo de tempo.

Assim a aceleração média é constante com o decorrer do tempo e caracteriza a própria aceleração desse movimento.

Simbolicamente o referido enunciado é expresso pela seguinte igualdade:

$$\alpha_m = \alpha$$

Nesse movimento a força dinâmica que resulta no móvel é constante no decorrer do tempo.

4. Força Externa

No movimento uniformemente variado, a velocidade sofre variações uniformes no decurso do tempo. Isto indica que a quantidade de movimento também sofre variações de forma uniforme no decorrer do tempo.

Com este fundamento pode-se definir uma grandeza física denominada por *força externa*.

A força externa aplicada sobre um móvel é definida como sendo igual ao quociente da variação da quantidade de movimento, inversa pela variação de tempo.

Simbolicamente o referido enunciado é expresso pela seguinte relação:

$$F = \Delta Q / \Delta t$$

Desse modo a força externa aplicada sobre um móvel é uma grandeza física associada à dinâmica dos corpos. Ela avalia a variação da quantidade de movimento do móvel no decorrer do tempo.

5. Força Externa Média

No movimento uniforme variado a força externa é constante no decorrer do tempo. Portanto o móvel sofre variações de quantidade de movimento iguais em intervalos de tempo iguais. Desse modo a força externa média calculada em qualquer intervalo de tempo apresenta a mesma intensidade.

Simbolicamente o referido enunciado pode ser expresso pela seguinte igualdade:

$$F_m = F$$

6. Força Dinâmica

Quando o movimento é uniformemente variado, sua aceleração é constante com o tempo. Isto implica que a força dinâmica que resulta é constante no decorrer do tempo.

Sabe-se que a aceleração de um corpo em movimento uniformemente variado é igual ao quociente da variação da velocidade, inversa pela variação de tempo.

Simbolicamente o referido enunciado é expresso pela seguinte relação:

$$\alpha = \Delta V / \Delta t$$

Leandro Bertoldo
Dinamismo dos Movimentos

Como a velocidade varia uniformemente no decurso do tempo, isto implica que a força induzida no móvel também varia de forma uniforme no decorrer do tempo.

Com tal fundamento pode-se definir uma grandeza física denominada por *força dinâmica*.

A força dinâmica que resulta no móvel é definida como sendo igual ao quociente da variação da força induzida, inversa pela variação de tempo. Simbolicamente o referido enunciado é expresso pela seguinte relação:

$$f = \Delta i/\Delta t$$

Portanto conclui-se que a força dinâmica é uma grandeza física associada à dinâmica dos corpos e avalia a variação da força induzida num móvel no decorrer do tempo.

7. Movimento Uniforme Variado e Força Dinâmica

No movimento uniformemente variado, a força induzida varia uniformemente no decorrer do tempo. Nestas circunstâncias, o móvel apresenta força induzida iguais em intervalos de tempo iguais. Portanto, a variação de força induzida é sempre a mesma dentro do mesmo intervalo de tempo.

Logo a força dinâmica média é constante com o tempo e caracteriza a própria força dinâmica do movimento.

Simbolicamente o referido enunciado é expresso pela seguinte igualdade:

$$f_m = f$$

Neste tipo de movimento a força dinâmica que resulta é constante no decorrer do tempo.

8. Força Induzida Média

No movimento uniformemente variado a força induzida média de um móvel, num intervalo de tempo qualquer, é igual à média aritmética entre a força induzida inicial e final neste intervalo.

Simbolicamente o referido enunciado é expresso pela seguinte relação:

$$i_m = (i_1 + i_2)/2$$

É evidente que a referida expressão caracteriza uma propriedade exclusiva de um corpo em movimento uniformemente variado.

9. Movimento Estimulado e Destimulado

Dentro do conceito do Dinamismo, a força dinâmica é uma grandeza algébrica podendo ser positiva ou negativa, conforme a força induzida seja positiva ou negativa.

Em termos dinamisticos, o movimento pode ser estimulado ou destimulado.

No movimento estimulado o módulo da força induzida do móvel aumenta no decorrer do tempo. Já no chamado movimento destimulado, o módulo da força induzida do móvel diminui no decorrer do tempo.

10. Classificação do Movimento

Como já foi esclarecido, o sinal da força dinâmica está na dependência do sinal da variação da força induzida. Para isso é necessário convencionar uma orientação da trajetória.

Nestas condições o movimento estimulado pode ser progressivo ou retrógrado. O mesmo ocorrendo com o movimento destimulado.

Uma análise geral do movimento uniformemente variado permite estabelecer a seguinte classificação:

a) Movimento estimulado progressivo: **(i > 0); (f > 0)**

b) Movimento estimulado retrógrado: **(i < 0); (f < 0)**

c) Movimento destimulado progressivo: **(i > 0); (f < 0)**

d) Movimento destimulado retrógrado: **(i < 0); (f > 0)**

Portanto conclui-se que para classificar o movimento é necessário comparar os sinais da força induzida e da força dinâmica.

11. Relação entre Força Dinâmica e Aceleração

No presente estudo foi apresentada a seguinte verdade:

a) $f = \Delta i / \Delta t$

b) $\alpha = \Delta V / \Delta t$

Substituindo convenientemente as duas últimas expressões, vem que:

$$f/\alpha = \Delta i / \Delta V$$

12. Relação entre Força Dinâmica e Força Externa

Foram definidas as seguintes realidades:

a)　　$f = \Delta i/\Delta t$
b)　　$F = \Delta Q/\Delta t$

Substituindo convenientemente as duas últimas expressões resulta que:

$$f/F = \Delta i/\Delta Q$$

13. Equação da Força Induzida

O estudo do movimento uniforme permitiu estabelecer que a força induzida apresentada por um móvel é igual ao produto existente entre o estímulo pela velocidade que o móvel apresenta.

Simbolicamente o referido enunciado é expresso pela seguinte equação:

$$i = e \cdot V$$

Na referida expressão a força induzida é constante no decorrer do tempo. Já no movimento uniformemente variado a força induzida que atua no móvel varia uniformemente no decorrer do tempo. Eis que sua velocidade também varia de forma uniforme no decorrer do tempo.

Assim, a equação anterior pode ser escrita da seguinte forma:

$$\Delta i = e \cdot \Delta V$$

Portanto no movimento uniformemente variado, a variação da força induzida é igual ao produto existente entre o estímulo pela variação de velocidade.

14. Relação (I)

Foi demonstrado no presente capítulo que:

a) $F/f = \Delta Q/\Delta i$
b) $\Delta i = e \cdot \Delta V$
c) $\Delta Q = m \cdot \Delta V$

Substituindo convenientemente as três últimas expressões, vem que:

$$F/f = m \cdot \Delta V/e \cdot \Delta V$$

Eliminando os termos em evidência, resulta que:

$$F/f = m/e$$

Portanto pode-se escrever que:

$$f = e \cdot F/m$$

Assim conclui-se que a força dinâmica é diretamente proporcional à força externa aplicada sobre o móvel e inversamente proporcional à massa desse móvel.

Nesta fórmula a constante de proporcionalidade é denominada por estímulo.

15. Relação (II)

No presente tratado foi demonstrado que:

a) $F/f = \Delta Q/\Delta i$
b) $F = m \cdot \alpha$
c) $f = e \cdot \alpha$

Substituindo   convenientemente   as   três   últimas expressões, vem que:

$$m \cdot \alpha/e \cdot \alpha = \Delta Q/\Delta i$$

Eliminando os termos em evidência, resulta que:

$$m/e = \Delta Q/\Delta i$$

Portanto pode-se escrever que:

$$\Delta i = e \cdot \Delta Q/m$$

Assim conclui-se que a variação da força induzida é diretamente proporcional à quantidade de movimento e inversamente proporcional à massa do móvel. A constante de proporcionalidade é denominada por estímulo.

16. Equação Fundamental do Movimento Uniformemente Variado

No presente estudo foi demonstrada a realidade das seguintes expressões:

a) $f/\alpha = \Delta i/\Delta V$

Leandro Bertoldo
Dinamismo dos Movimentos

b) $e = \Delta i / \Delta V$

Substituindo convenientemente as duas últimas expressões, resulta que:

$$e = f/\alpha$$

Ou seja:

$$f = e \cdot \alpha$$

Portanto conclui-se que no movimento uniformemente variado, a força dinâmica que resulta da força externa é igual ao produto existente entre o estímulo pela aceleração adquirida.

Toda vez que a força dinâmica for constante, isto indica que a força induzida apresentada pelo móvel varia uniformemente no decorrer do tempo.

17. Função Força Dinâmica (I)

No movimento uniformemente variado, a força dinâmica de um móvel é constante no decorrer do tempo. Nesta condição ela é definida como sendo igual ao quociente da variação de força induzida, inversa pela variação de tempo.

Simbolicamente o referido enunciado é expresso por:

$$f = (i - i_0)/(t - t_0)$$

Considerando que em ($t_0 = 0$), tem-se neste instante uma força induzida inicial (i_0) e em ($t \neq 0$), tem-se uma força induzida (i). Logo se pode escrever que:

$$f = (i - i_0)/t$$

Portanto resulta na seguinte função:

$$i = i_0 + f \cdot t$$

A referida função caracteriza a variação de força induzida no decorrer do tempo. Nela as grandezas (i_0) e (f) são constantes e a cada valor de tempo (t) tem-se um correspondente valor de força induzida (i).

18. Função Força Dinâmica (II)

Sabe-se que a velocidade de um móvel em movimento uniformemente variado é expressa pela seguinte equação:

$$V = V_0 + \alpha \cdot t$$

Entretanto como ($\Delta V = V - V_0$) pode-se escrever que:

$$\Delta V = \alpha \cdot t$$

Também foi demonstrado que a variação da força induzida do móvel animado num movimento uniformemente variado é expressa por:

$$\Delta i = e \cdot \Delta V$$

Substituindo convenientemente as duas últimas expressões, vem que:

$$\Delta i = e \cdot \alpha \cdot t$$

Como ($\Delta i = i - i_0$) pode-se escrever que:

$$i = i_0 + e . \alpha . t$$

Nesta função a grandeza (i_0) representa a força induzida inicial, (e) o estímulo e (α) aceleração. Tais valores são constantes e, portanto, a cada valor de tempo (t) corresponde a um valor de força induzida (i).

Pela equação cinemática de Galileu Galilei (1564-1642), sabe-se que:

$$V = \alpha . t$$

Portanto, substituindo convenientemente as duas últimas expressões pode-se escrever que:

$$i = i_0 + e . V$$

Nesta função a grandeza (i_0) representa a força induzida inicial, a letra (e) caracteriza o estímulo e (V) a velocidade do móvel, a qual varia uniformemente no decorrer do tempo correspondendo a um valor de força induzida (i).

19. Função Posição Dinâmica (I)

Sabe-se que o movimento uniformemente variado é caracterizado por uma força dinâmica constante com o tempo. Esse tipo de movimento apresenta uma força induzida que varia uniformemente conforme indica a seguinte função:

$$i = i_0 + f . t$$

Entretanto a referida expressão não esclarece como a posição dinâmica varia com o decorrer do tempo. Logo para que a descrição dinâmica do movimento uniformemente variado seja completa é necessário conhecer a função da posição dinâmica.

$$\gamma = h(t)$$

Demonstra-se graficamente que a referida função é do segundo grau em (t), com a seguinte forma:

$$\gamma = \gamma_0 + i_0 . t + f . t^2/2$$

Para demonstrar como adveio a referida expressão considere os seguintes passos:

$$i_m = (i + i_0)/2$$

Sabendo-se que:

$$\Delta\gamma = i_m . t$$

Portanto pode-se escrever que:

$$\Delta\gamma = (i + i_0) . t/2$$

Porém, também se sabe que:

$$i = i_0 + f . t$$

Assim, substituindo convenientemente as duas últimas expressões, obtém-se que:

$$\Delta\gamma = (i_0 + f . t + i_0) . t/2$$

Logo vem que:

$$\Delta\gamma = (2i_0 + f \cdot t) \cdot t/2$$

Eliminando o termo em evidência, pode-se concluir que:

$$\gamma - \gamma_0 = i_0 \cdot t + f \cdot t^2/2$$

Portanto resulta que:

$$\gamma = \gamma_0 + i_0 \cdot t + f \cdot t^2/2$$

Na referida função (γ_0) representa a posição dinâmica inicial, (i_0) a força induzida inicial e, (f) é a força dinâmica constante desse movimento. A cada valor de (t) obtém-se um correspondente valor de (γ).

20. Função Posição Dinâmica (II)

A variação de posição dinâmica é definida como sendo igual ao produto existente entre o estímulo pela variação do espaço percorrido pelo móvel. Simbolicamente o referido enunciado é expresso pela seguinte equação:

$$\Delta\gamma = e \cdot \Delta S$$

Sabe-se que no movimento uniformemente variado a função espaço é expressa por:

$$\Delta S = V_0 \cdot t + \alpha \cdot t^2/2$$

Substituindo convenientemente as duas últimas expressões, vem que:

57

Leandro Bertoldo
Dinamismo dos Movimentos

$$\Delta\gamma = e \,.\, (V_0 \,.\, t + \alpha \,.\, t^2/2)$$

Como $(\Delta\gamma = \gamma - \gamma_0)$, vem que:

$$\gamma = \gamma_0 + e \,.\, (V_0 \,.\, t + \alpha \,.\, t^2/2)$$

A referida função define a posição dinâmica no movimento uniformemente variado.

21. Equação Independente do Tempo

As funções dinâmicas que caracterizam o movimento uniformemente variado são as seguintes:

a) $\gamma = \gamma_0 + i_0 \,.\, t + f \,.\, t^2/2$
b) $i = i_0 + f \,.\, t$

Simplificando as referidas expressões, pode-se escrever que:

c) $\Delta\gamma = f \,.\, t^2/2$
d) $\Delta i = f \,.\, t$

Substituindo convenientemente as duas últimas expressões e eliminando a grandeza (t), resulta na seguinte igualdade:

$$t = \Delta i/f$$

Que elevado ao quadrado, resulta em:

$$t^2 = \Delta i^2/f^2$$

Substituindo convenientemente a referida expressão em (c), vem que:

$$\Delta\gamma = f . \Delta i^2/2f^2$$

Eliminando os termos em evidência, pode-se escrever que:

$$\Delta\gamma = \Delta i^2/2f$$

Ou seja:

$$\Delta i^2 = 2f . \Delta\gamma$$

Portanto conclui-se que:

$$i^2 = i_0^2 + 2f . \Delta\gamma$$

Na referida expressão, (i_0^2) é a força induzida inicial e, (f) é a força dinâmica que resulta no móvel e possui uma intensidade constante. Portanto, a cada valor de $(\Delta\gamma)$ obtém-se um correspondente valor de força induzida (i^2).

22. Força de inércia (I)

Foi demonstrada que:

a) $I = F - f$
b) $F = m . \alpha$
c) $f = e . \alpha$

Substituindo convenientemente as três últimas expressões, vem que:

$$I = (m - e) . \alpha$$

A referida expressão permite concluir que a força de inércia varia com a massa do corpo e com sua aceleração.

23. Força de Inércia (II)

No presente estudo foi apresentada a realidade das seguintes equações:

a) $I = F - f$
b) $F = \Delta Q/\Delta t$
c) $f = \Delta i/\Delta t$

Substituindo convenientemente as três últimas expressões, resulta na seguinte igualdade:

$$I = (\Delta Q - \Delta i)/\Delta t$$

5. Movimento Dinâmico Uniformemente Variado

1. Introdução

Neste capítulo serão analisados os principais conceitos do Dinamismo aplicados ao Movimento Dinâmico Uniformemente Variado. Será discutida a noção de forças que variam uniformemente no decorrer do tempo com os efeitos que advém de tal fenômeno.

Neste capítulo serão consideradas três definições básicas desse movimento, a saber: celeridade, fluxo de força e intensificação.

2. Movimento Dinâmico Variado

No movimento dinâmico variado, a força dinâmica apresentada por um móvel varia no decorrer do tempo. Isto provoca o aparecimento de uma celeridade variável. Nestas circunstâncias a celeridade média varia com o intervalo de tempo e, portanto, deve ser considerada em intervalos de tempo extraordinariamente pequenos, para que se possa obter a *celeridade instantânea*.

3. Movimento Dinâmico Uniformemente Variado.

Se a força dinâmica apresentada pelo móvel sofre variações uniformes no decorrer do tempo, então se pode concluir que a celeridade média calculada em qualquer intervalo de tempo é sempre a mesma. Logo, a celeridade média é a própria celeridade do movimento. Neste caso o movimento é chamado *Movimento Dinâmico Uniformemente Variado*.

4. Celeridade

A celeridade é uma grandeza física associada ao movimento. Ela avalia a variação da aceleração do móvel no decorrer do tempo.

Seja então, (α_1) a aceleração do móvel num instante (t_1) e, (α_2) a aceleração num instante (t_2). Desse modo a celeridade (β) é definida como sendo igual à relação entre a variação de aceleração pela variação de tempo correspondente.

Simbolicamente o referido enunciado é expresso pela seguinte relação:

$$\beta = (\alpha - \alpha_0)/(t - t_0)$$

Como ($\Delta\alpha = \alpha - \alpha_0$) e ($\Delta t = t - t_0$), pode-se escrever que:

$$\beta = \Delta\alpha/\Delta t$$

Logo o móvel é submetido a acelerações iguais em intervalos de tempos iguais, ou seja, a variação de aceleração apresenta sempre o mesmo valor dentro do mesmo intervalo de tempo.

5. Celeridade Média e Instantânea

Sempre que o móvel for submetido a acelerações iguais em intervalos de tempos iguais, a celeridade média é constante no decorrer do tempo e representa a própria celeridade do movimento.

Simbolicamente o referido enunciado é expresso pela seguinte igualdade:

$$\beta_m = \beta$$

Evidentemente, existe celeridade sempre que a aceleração de um móvel sofrer variação seja aumentando ou diminuindo.

6. Fluxo de Força

Quando o movimento é dinâmico uniformemente variado, com a celeridade constante, conclui-se que existe uma força externa sendo aplicada no móvel, e que varia uniformemente no decorrer do tempo.

Desse modo define-se o fluxo de força como sendo igual ao quociente da variação da força externa aplicada sobre o móvel, inversa pela variação de tempo. O referido enunciado é expresso simbolicamente pela seguinte relação:

$$\phi = \Delta F / \Delta t$$

Portanto, o fluxo de força é uma grandeza física associada à dinâmica dos corpos e mede a variação de força externa aplicada sobre o móvel no decorrer do tempo.

7. Fluxo de Força Média e Instantânea

Pelo que se depreende, o móvel é submetido à ação de forças externas de intensidades iguais em intervalos de tempos iguais. Logo, o fluxo de força médio em qualquer intervalo de tempo apresenta o mesmo valor. Ou seja, no movimento dinâmico uniformemente variado o fluxo de força média é constante no decorrer do tempo e representa o próprio fluxo de força do movimento. Simbolicamente o referido enunciado é expresso pela seguinte igualdade:

$$\phi_m = \phi$$

8. Intensificação de Força

Como a aceleração sofre variações uniformes no decorrer do tempo, isto indica que a força dinâmica do móvel está variando uniformemente no decorrer do tempo. Logo se pode definir uma nova grandeza física denominada por *intensificação de força*.

Essa intensificação é definida como sendo igual ao quociente da variação de força dinâmica, inversa pela variação de tempo.

Simbolicamente, o referido enunciado é expresso pela seguinte relação:

$$\eta = \Delta f / \Delta t$$

Portanto, a intensificação de força é uma grandeza física associada ao Dinamismo dos corpos que avalia a variação da força dinâmica de um móvel no decorrer do tempo.

9. Intensificação Média e Instantânea

Dentro dos parâmetros supramencionados, o móvel é submetido à ação de forças dinâmicas iguais em intervalos de tempos iguais. Portanto, conclui-se que a intensificação média em qualquer intervalo de tempo apresenta sempre o mesmo valor. Logo, no movimento dinâmico uniformemente variado, a intensificação de força é constante no decorrer do tempo e representa a própria intensificação de força do movimento.

O referido enunciado é expresso simbolicamente pela seguinte igualdade:

$$\eta_m = \eta$$

10. Força Dinâmica Média

No movimento dinâmico uniformemente variado, a força dinâmica média, no intervalo de tempo ($\Delta t = t_2 - t_1$), é a média aritmética entre a força dinâmica (f_1) no início do intervalo de tempo e a força dinâmica (f_2) no final desse intervalo. Simbolicamente o referido enunciado é expresso pela seguinte relação matemática:

$$f_m = (f_1 + f_2)/2$$

Quando a intensificação de força é constante, a força dinâmica média em qualquer intervalo de tempo é igual à média aritmética entre as força dinâmica inicial e final neste intervalo.

A equação supramencionada representa uma propriedade básica do movimento dinâmico uniformemente variado.

11. Classificação do Movimento

Sob a óptica do Dinamismo, o movimento dinâmico uniformemente variado pode ser classificado em função da força induzida (i), da força dinâmica (f) e da intensificação de força (η), conforme a seguinte relação:

a) Movimento Estimulado Progressivo Propagado:
$$(i > 0);\ (f > 0);\ (\eta > 0)$$

b) Movimento Estimulado Retrógrado Propagado:
$$(i < 0);\ (f < 0);\ (\eta < 0)$$

c) Movimento Destimulado Progressivo Propagado:
$$(i > 0);\ (f < 0);\ (\eta < 0)$$

d) Movimento Destimulado Progressivo Regressivo:
$$(i > 0);\ (f < 0);\ (\eta > 0)$$

e) Movimento Destimulado Retrógrado Propagado:
$$(i < 0);\ (f > 0);\ (\eta > 0)$$

f) Movimento Destimulado Retrógrado Regressivo:
$$(i < 0);\ (f > 0);\ (\eta < 0)$$

Disso conclui-se que para analisar um movimento dinâmico uniformemente variado é necessário comparar os sinais algébricos da força induzida (i), da força dinâmica (f) e da intensificação (η).

Isto indica que as grandezas do Dinamismo são também grandezas algébricas, podendo ser negativas ou positivas.

12. Relação entre Intensificação e Celeridade

Foi demonstrada no presente estudo a seguinte verdade:

a) $\beta = \Delta\alpha/\Delta t$
b) $\eta = \Delta f/\Delta t$

Substituindo convenientemente as duas últimas expressões resulta na seguinte igualdade:

$$\eta/\beta = \Delta f/\Delta\alpha$$

13. Relação entre Intensificação e Fluxo de Força

Foi apresentada a seguinte realidade:

a) $\eta = \Delta f/\Delta t$
b) $\phi = \Delta F/\Delta t$

Substituindo convenientemente as duas últimas expressões, resulta que:

$$\phi/\eta = \Delta F/\Delta f$$

14. Variação da Força Dinâmica

O Dinamismo demonstra que a força dinâmica resultante num móvel é igual ao produto existente entre o estímulo pela aceleração adquirida.

Simbolicamente o referido enunciado é expresso pela seguinte equação:

$$f = e \cdot \alpha$$

A referida expressão é válida para o movimento uniformemente variado. Porém, no movimento dinâmico uniformemente variado, a força dinâmica varia no decorrer do tempo, provocando o aparecimento de uma aceleração que varia uniformemente no decorrer do tempo.

Assim, seja (f_1) a força dinâmica que produz uma aceleração (α_1) e, (f_2) a força dinâmica que provoca uma aceleração (α_2). Logo a expressão anterior pode ser escrita da seguinte forma:

$$\Delta f = e \cdot \Delta \alpha$$

Portanto pode-se concluir que a variação de força dinâmica de um móvel em movimento dinâmico uniformemente variado é igual ao estímulo multiplicado pela variação da aceleração produzida.

15. Equação Fundamental do Movimento Dinâmico

No presente estudo foi demonstrado que:

a) $\eta/\beta = \Delta f/\Delta \alpha$
b) $e = \Delta f/\Delta \alpha$

Substituindo convenientemente as duas últimas expressões, vem que:

$$e = \eta/\beta$$

Ou seja:

$$\eta = e \cdot \beta$$

Portanto conclui-se que a intensificação de força de um móvel em movimento dinâmico uniformemente variado é igual ao produto existente entre o estímulo pela celeridade.

O referido resultado representa o princípio fundamental do movimento dinâmico uniformemente variado.

Toda vez que a celeridade for constante, isto indica que a força dinâmica que resulta no móvel varia uniformemente no decorrer do tempo.

16. Relação (I)

No presente tratado foi demonstrada a seguinte verdade:

a) $\phi/\eta = \Delta F/\Delta f$
b) $\Delta f = e \cdot \Delta\alpha$
c) $\Delta F = m \cdot \Delta\alpha$

Substituindo convenientemente as três últimas expressões, vem que:

$$\phi/\eta = m \cdot \Delta\alpha/e \cdot \Delta\alpha$$

Eliminando os termos em evidência, resulta que:

$$\phi/\eta = m/e$$

Portanto pode-se escrever que:

$$\eta = e \cdot \phi/m$$

Leandro Bertoldo
Dinamismo dos Movimentos

Assim conclui-se que a intensificação de força é diretamente proporcional ao fluxo de força externa e inversamente proporcional à massa do móvel.

Na referida expressão a constante de proporcionalidade é denominada por estímulo.

17. Relação (II)

Foi demonstrada a realidade das seguintes expressões:

a) $\phi/\eta = \Delta F/\Delta f$
b) $\phi = m \cdot \beta$
c) $\eta = e \cdot \beta$

Substituindo convenientemente as três últimas expressões, vem que:

$$m \cdot \beta/e \cdot \beta = \Delta F/\Delta f$$

Eliminando os termos em evidência, resulta que:

$$m/e = \Delta F /\Delta f$$

Portanto pode-se escrever que:

$$\Delta f = e \cdot \Delta F/m$$

Assim conclui-se que a variação de força dinâmica de um móvel é diretamente proporcional à variação da força externa aplicada sobre o móvel e inversamente proporcional à massa desse móvel.

Na referida expressão a constante de proporcionalidade é denominada por estímulo.

18. Função Dinâmica (I)

No estudo do movimento dinâmico uniformemente variado demonstra-se que a variação de aceleração de um móvel é expressa por:

$$\Delta\alpha = \beta \cdot t$$

Também ficou claro que a variação da força dinâmica de um móvel em movimento dinâmico uniformemente variado é expressa pela seguinte igualdade:

$$\Delta f = e \cdot \Delta\alpha$$

Substituindo convenientemente as duas últimas expressões, resulta que:

$$\Delta f = e \cdot \beta \cdot t$$

Como ($\Delta f = f - f_0$) vem que:

$$f = f_0 + e \cdot \beta \cdot t$$

Nesta função as grandezas (f_0) força dinâmica inicial, (e) estímulo e (β) celeridade são constantes e, portanto, a cada valor de tempo (t), há um correspondente valor na força dinâmica (f).

Leandro Bertoldo
Dinamismo dos Movimentos
19. Função Dinâmica (II)

No estudo do movimento dinâmico uniformemente variado pode-se constatar que a força dinâmica que se manifesta num móvel sofre uma variação uniforme no decorrer do tempo, com uma intensificação de força constante expressa pela seguinte relação:

$$\eta = (f - f_0)/(t - t_0)$$

Considerando que em ($t_0 = 0$), tem-se uma força dinâmica (f_0) e em ($t \neq 0$), tem-se uma força dinâmica (f), então se pode escrever que:

$$\eta = (f - f_0)/t$$

Que resulta na seguinte função:

$$f = f_0 + \eta \cdot t$$

A referida função expressa a natureza existente entre a variação de força dinâmica no decorrer do tempo. Nelas as grandezas (f_0) e (η) são constantes e, portanto, cada valor de tempo (t), há um correspondente valor de intensidade de força dinâmica (f).

20. Função Dinâmica (III)

Foi demonstrada a seguinte verdade:

$$\Delta f = e \cdot \Delta \alpha$$

Porém, sabe-se que:

a) $\Delta f = f - f_0$
b) $\Delta\alpha = \alpha - \alpha_0$

Substituindo convenientemente as três últimas expressões, vem que:

$$f - f_0 = e \cdot (\alpha - \alpha_0)$$

Portanto pode-se escrever que:

$$f = f_0 + e \cdot (\alpha - \alpha_0)$$

A referida função caracteriza a natureza existente entre a variação de força dinâmica com a variação de aceleração de força dinâmica com a variação de aceleração. Nela as grandezas (f_0), (e) e (α_0) são constantes e, portanto, cada valor de aceleração (α), há um correspondente valor de intensidade de força dinâmica (f).

21. Função Força Induzida (I)

Ficou demonstrado que o movimento dinâmico uniformemente variado é caracterizado por uma intensificação de força escalar constante com o tempo e força dinâmica variável conforme indica a seguinte função:

$$f = f_0 + \eta \cdot t$$

Entretanto a referida função não informa como a força induzida varia no decorrer do tempo. Para isto é necessário estabelecer a chamada função força induzida:

$$i = h\,(t)$$

A função força induzida desse movimento é uma função do segundo grau em (t), conforme apresenta a seguinte equação:

$$i = i_0 + f_0 \cdot t + \eta \cdot t^2/2$$

O advento da referida expressão apresenta a seguinte demonstração:

$$f_m = (f + f_0)/2$$

Sabendo-se que:

$$\Delta i = f_m \cdot t$$

Portanto pode-se escrever que:

$$\Delta i = (f + f_0) \cdot t/2$$

Porém, também se sabe que:

$$f = f_0 + f \cdot t$$

Assim, substituindo convenientemente as duas últimas expressões, obtém-se que:

$$\Delta i = (f_0 + \eta \cdot t + f_0) \cdot t/2$$

Logo vem que:

$$\Delta i = (2f_0 + \eta \cdot t) \cdot t/2$$

Eliminando o termo em evidência, pode-se concluir que:

$$i - i_0 = f_0 . t + \eta . t^2/2$$

Portanto resulta que:

$$i = i_0 + f_0 . t + \eta . t^2/2$$

Sendo que (i_0) é a força induzida inicial, (f_0) é a força dinâmica inicial e, (η) é a intensificação de força constante no movimento dinâmico uniformemente variado.

22. Equação da Força Dinâmica ao Quadrado

Foi demonstrado que a força induzida (i) e a força dinâmica (f) de um móvel em movimento dinâmico uniformemente variado, sofrem variações no decorrer do tempo, conforme as seguintes funções indicam:

a) $i = i_0 + f_0 . t + \eta . t^2/2$
b) $f = f_0 + \eta . t$

Simplificando as referidas expressões, pode-se escrever que:

c) $\Delta i = \eta . t^2/2$
d) $\Delta f = \eta . t$

Substituindo convenientemente as duas últimas expressões e eliminando a grandeza (t), resulta na seguinte demonstração:

$$t = \Delta f/\eta$$

Que elevada ao quadrado, resulta em:

$$t^2 = \Delta f^2/\eta^2$$

Substituindo convenientemente a referida expressão em (c), vem que:

$$\Delta i = \eta \cdot \Delta f^2/2\eta^2$$

Eliminando os termos em evidência, pode-se escrever que:

$$\Delta i = \Delta f^2/2\eta$$

Ou seja:

$$\Delta f^2 = 2\eta \cdot \Delta i$$

Logo,

$$f^2 = f_0^2 + 2\eta \cdot \Delta i$$

Esta é a denominada equação da força dinâmica ao quadrado para o movimento dinâmico uniformemente variado.

23. Função Posição Dinâmica (I)

Foi demonstrado que a variação de posição dinâmica é igual ao produto existente entre o valor do estímulo pela variação de espaço percorrido pelo móvel.

Simbolicamente o referido enunciado é expresso pela seguinte equação:

$$\Delta\gamma = e . \Delta S$$

Sabe-se que no movimento dinâmico uniformemente variado, a variação de espaço é expressa pela seguinte equação:

$$\Delta S = V_0 . t + \alpha . t^2/2 + \beta . t^3/6$$

Substituindo convenientemente as duas últimas expressões, resulta que:

$$\gamma = \gamma_0 + e . (V_0 . t + \alpha_0 . t^2/2 + \beta . t^3/6)$$

A referida função representa a grandeza física chamada por *posição dinâmica* de um móvel em movimento dinâmico uniformemente variado.

24. Função Força Induzida (II)

Sabe-se que a variação de força induzida num móvel é igual ao produto existente entre o valor do estímulo pela variação da velocidade.

O referido enunciado é expresso simbolicamente pela seguinte igualdade:

$$\Delta i = e . \Delta V$$

Demonstra-se que no movimento dinâmico uniformemente variado que a variação de velocidade de um móvel é expressa pela seguinte equação:

$$\Delta V = \alpha_0 . t + \beta . t^2/2$$

Substituindo convenientemente as duas últimas expressões resulta que:

$$i = i_0 + e . (\alpha_0 . t + \beta . t^2/2)$$

A referida expressão caracteriza a força induzida num móvel em movimento dinâmico uniformemente variado.

25. Função Posição Dinâmica (II)

No movimento dinâmico uniformemente variado demonstra-se que a posição dinâmica (γ) assumida por um móvel no decorrer do tempo é uma função do terceiro grau em (t), conforme a seguinte expressão:

$$\gamma = \gamma_0 + i_0 . t + f_0 . t^2/2 + \eta . t^3/6$$

Observe a seguinte demonstração algébrica:

$$i_m = (i + i_0)/2$$

Sabendo-se que:

$$\Delta \gamma = i_m . t$$

Portanto o espaço percorrido pelo móvel é caracterizado por:

$$\Delta \gamma = (i + i_0) . t/2$$

Porém, também se sabe que:

$$i = i_0 + f_0 \cdot t + \eta \cdot t^2/2$$

Assim, substituindo convenientemente as duas últimas expressões, obtém-se que:

$$\Delta\gamma = (i_0 + f_0 \cdot t + \eta \cdot t^2/2 + i_0) \cdot t/2$$

Logo vem que:

$$\Delta\gamma = (2i_0 + f_0 \cdot t + \eta \cdot t^2/2) \cdot t/2$$

Eliminando o termo em evidência, pode-se concluir que:

$$\gamma - \gamma_0 = i_0 \cdot t + f_0 \cdot t^2/2 + \eta \cdot t^3/4$$

Portanto resulta que:

$$\gamma = \gamma_0 + i_0 \cdot t + f_0 \cdot t^2/2 + \eta \cdot t^3/4$$

Ocorre que o cálculo integral exige a seguinte correção:

$$\gamma = \gamma_0 + i_0 \cdot t + f_0 \cdot t^2/2 + \eta \cdot t^3/6$$

Observa-se que (γ_0) é a posição dinâmica inicial, (i_0) é a força induzida e, (η) é a intensificação de força constante do movimento dinâmico uniformemente variado.

26. Equação da Força Dinâmica ao Cubo

A função posição dinâmica anterior pode ser simplificada para a seguinte relação:

$$\Delta\gamma = \eta \cdot t^3/6$$

Sabe-se que:

$$t^3 = \Delta f^3/\eta^3$$

Substituindo convenientemente as duas últimas expressões e eliminando os termos em evidência resulta que:

$$\Delta\gamma = \Delta f^3/6\eta^2$$

Portanto resulta que:

$$f^3 = f_0{}^3 + 6\eta^2 \cdot \Delta\gamma$$

Esta é a denominada equação da força dinâmica ao cubo, característica particular do movimento dinâmico uniformemente variado.

27. Variação da Força de Inércia (I)

No movimento dinâmico uniformemente variado, as seguintes equações são verdadeiras:

a) $\Delta I = \Delta F - \Delta f$
b) $\Delta F = \phi \cdot \Delta t$
c) $\Delta f = \eta \cdot \Delta t$

Substituindo convenientemente as três últimas expressões, resulta que:

$$\Delta I = (\phi - \eta) \cdot \Delta t$$

28. Variação da Força de Inércia (II)

Foi demonstrada a seguinte verdade:

a) $\Delta I = \Delta F - \Delta f$
b) $\Delta F = m \cdot \Delta \alpha$
c) $\Delta f = e \cdot \Delta \alpha$

Substituindo convenientemente as três últimas expressões, resulta que:

$$\Delta I = (m - e) \cdot \Delta \alpha$$

6. Movimento Dinamizado Uniformemente Variado

1. Introdução

Neste capítulo será considerado o estudo dos fenômenos que emergem quando a celeridade e intensificação de força sofrem variações uniformes no decorrer do tempo. Será analisado o comportamento da força induzida e da força dinâmica nesse tipo de movimento.

2. Agilidade

É evidente que a celeridade de um móvel pode sofrer variações no decorrer do tempo. Por este motivo define-se uma grandeza física denominada por *agilidade*.

Portanto, considere um móvel sob a ação de forças externas de tal modo que, num intervalo de tempo ($\Delta t = t - t_0$) sua celeridade (β) sofra uma variação ($\Delta\beta = \beta - \beta_0$).

Assim a agilidade é definida como sendo igual ao quociente da variação de celeridade, inversa pela variação de tempo correspondente à variação da celeridade. Simbolicamente o referido enunciado é expresso pela seguinte relação:

$$\omega = \Delta\beta/\Delta t$$

Leandro Bertoldo
Dinamismo dos Movimentos

Como o presente capítulo considera o estudo dos fenômenos, a agilidade é constante no decorrer do tempo, portanto o móvel apresenta celeridades iguais em intervalos de tempos iguais.

3. Movimento Dinamizado Variado

Se o movimento dinâmico variado não for uniforme, então o fluxo de força externa varia, provocando o aparecimento de uma celeridade variável.

Entretanto, se o fluxo de força externa aplicada sobre o móvel variar de forma uniforme no decorrer do tempo, então a celeridade varia de força uniforme no decorrer do tempo.

Desse modo a agilidade média calculada em qualquer intervalo de tempo será sempre a mesma. Nestas condições o movimento do móvel é denominado por *movimento dinamizado uniformemente variado*.

Portanto a agilidade média é constante no decorrer do tempo e representa a própria agilidade do movimento.

Simbolicamente o referido enunciado é expresso pela seguinte igualdade:

$$\omega_m = \omega$$

4. Forcejo

No movimento dinamizado uniformemente variado a celeridade varia uniformemente no decorrer do tempo. Isto implica que o fluxo de força externa também varia uniformemente no decorrer do tempo.

Desse modo, pode-se definir uma grandeza física denominada por *forcejo*. Essa grandeza avalia a variação do fluxo de força no decorrer do tempo.

Assim o forcejo é definido como sendo igual ao quociente da variação do fluxo de força externa, inversa pela variação de tempo.

Simbolicamente o referido enunciado é expresso pela seguinte relação:

$$\varphi = \Delta\phi/\Delta t$$

Logo, no movimento dinamizado uniformemente variado, o forcejo é constante no decorrer do tempo. Pois o móvel é submetido à ação de fluxos de forças externas iguais em intervalos de tempos iguais. Assim, o forcejo médio em qualquer intervalo de tempo apresenta sempre o mesmo valor.

5. Forcejo Médio e Instantâneo

O forcejo médio calculado em qualquer intervalo de tempo será sempre o mesmo. Nesta situação o movimento do móvel é denominado por *movimento dinamizado uniformemente variado*.

Portanto, o forcejo médio é constante no decorrer do tempo e representa o próprio forcejo do movimento.

Simbolicamente o referido enunciado é expresso pela seguinte relação:

$$\varphi_m = \varphi$$

6. Impulsão da Força

Quando o movimento é dinamizado uniformemente variado, com agilidade constante, conclui-se que o fluxo de força aplicada sobre o móvel varia uniformemente no decorrer do tempo.

Leandro Bertoldo
Dinamismo dos Movimentos

O presente trabalho foi bastante objetivo em estabelecer que a agilidade de um móvel é igual ao quociente da variação da celeridade, inversa pela variação de tempo.

Simbolicamente o referido enunciado é expresso pela seguinte relação:

$$\omega = \Delta\beta/\Delta t$$

Como a celeridade varia uniformemente no decorrer do tempo, isto indica que a intensificação de força também varia uniformemente no decorrer do tempo.

Portanto, pode-se definir uma grandeza física denominada por *impulsão de força*, que avalia a intensificação de força no decorrer do tempo.

A impulsão de força é definida como sendo igual ao quociente da variação da intensificação de força, inversa pela variação de tempo.

Simbolicamente o referido enunciado é expresso pela seguinte relação:

$$\mu = \Delta\eta/\Delta t$$

Desse modo, no movimento dinamizado uniformemente variado a impulsão da força é constante no decorrer do tempo. Desta forma o móvel é submetido à ação de intensificação de forças iguais em intervalos de tempos iguais. Portanto a impulsão de força média em qualquer intervalo de tempo apresenta o mesmo valor.

7. Impulsão Média e Instantânea

Sabe-se que a impulsão média calculada em qualquer intervalo de tempo será sempre o mesmo. Nestas condições o movimento do móvel é denominado por *movimento dinamizado uniformemente variado*.

Logo, a impulsão de força média é constante no decorrer do tempo e representa a própria impulsão de força instantânea desse movimento.

Simbolicamente o referido enunciado é expresso pela seguinte igualdade:

$$\mu_m = \mu$$

8. Intensificação de Força Média

No movimento dinamizado uniformemente variado, a intensificação média, em um intervalo de tempo, é calculada como sendo igual à média aritmética das intensificações nos instantes que definem o intervalo.

Simbolicamente o referido enunciado é expresso pela seguinte igualdade:

$$\eta_m = (\eta_1 + \eta_2)/2$$

A referida expressão representa uma propriedade básica do movimento dinamizado uniformemente variado.

9. Relação entre Impulsão e Agilidade

No presente capítulo foi apresentada a seguinte verdade:

a) $\mu = \Delta\eta/\Delta t$
b) $\omega = \Delta\beta/\Delta t$

Substituindo convenientemente as duas últimas expressões, obtém-se que:

$$\mu/\omega = \Delta\eta/\Delta\beta$$

10. Relação entre Impulsão e Forcejo

No presente capítulo foi demonstrado que:

a) $\mu = \Delta\eta/\Delta t$
b) $\varphi = \Delta\phi/\Delta t$

Substituindo convenientemente as duas últimas expressões, vem que:

$$\Delta\phi/\Delta\eta = \varphi/\mu$$

11. Equação da Intensificação de Força

No estudo do movimento dinâmico uniformemente variado foi demonstrado que a intensificação de força de um móvel é igual ao produto entre o estímulo pela celeridade.

Simbolicamente o referido enunciado é expresso pela seguinte igualdade:

$$\eta = e \cdot \beta$$

Ocorre que no movimento dinamizado uniformemente variado, a intensificação de força varia de forma uniforme no decorrer do tempo, caracterizada pelo aparecimento de uma celeridade que varia uniformemente no decorrer do tempo.

Portanto, seja (η_1) a intensificação de força que produz uma celeridade (β_1) e, seja (η_2) a intensificação de força que produz uma celeridade (β_2). Logo, para o movimento dinamizado uniformemente variado, a equação anterior deve obrigatoriamente ser escrita da seguinte forma:

$$\Delta\eta = e \cdot \Delta\beta$$

Assim pode-se afirmar que no movimento dinamizado uniformemente variado, a variação da intensificação de força que atua sobre um móvel é igual ao produto entre o estímulo pela variação da celeridade produzida.

12. Equação Básica do Movimento Dinamizado Uniformemente Variado

Foi demonstrada a seguinte verdade:

a) $\mu/\omega = \Delta\eta/\Delta\beta$
b) $e = \Delta\eta/\Delta\beta$

Substituindo convenientemente as duas últimas expressões, resulta que:

$$e = \mu/\omega$$

Então se pode escrever que:

$$\mu = e \cdot \omega$$

Assim pode-se concluir que a impulsão de uma força é igual ao produto entre o estímulo pela agilidade que o móvel apresenta.

Toda vez que a agilidade for constante, isto indica que a intensificação de força varia uniformemente no decorrer do tempo.

A expressão anterior caracteriza a equação básica do movimento dinamizado uniformemente variado.

13. Relação (I)

Foi demonstrada a realidade das seguintes expressões:

a) $\varphi/\mu = \Delta\phi/\Delta\eta$
b) $\varphi = m . \omega$
c) $\mu = e . \omega$

Substituindo convenientemente as três últimas expressões, vem que:

$$m . \omega/e . \omega = \Delta\phi/\Delta\eta$$

Eliminando os termos em evidência, vem que:

$$m/e = \Delta\phi/\Delta\eta$$

Portanto pode-se escrever que:

$$\Delta\eta = e . \Delta\phi/m$$

Assim conclui-se que a variação de intensificação de uma força é diretamente proporcional à variação do fluxo de força externa, inversa pela massa desse móvel.

Na referida expressão a constante de proporcionalidade é denominada por *estímulo*.

Leandro Bertoldo
Dinamismo dos Movimentos

14. Relação (II)

Foi demonstrado que:

a) $\varphi/\mu = \Delta\phi/\Delta\eta$
b) $\Delta\phi = m \cdot \Delta\beta$
c) $\Delta\eta = e \cdot \Delta\beta$

Substituindo convenientemente as três últimas expressões, vem que:

$$\varphi/\mu = m \cdot \Delta\beta/e \cdot \Delta\beta$$

Eliminando os termos em evidência, vem que:

$$\varphi/\mu = m /e$$

Portanto pode-se escreve que:

$$\mu = e \cdot \varphi/m$$

Assim conclui-se que a impulsão de força é diretamente proporcional ao forcejo e inversamente proporcional à massa do móvel.

Na referida expressão a constante de proporcionalidade é denominada por estímulo.

15. Classificação do Movimento

Dentro da perspectiva do *Dinamismo*, o movimento dinamizado uniformemente variado pode ser classificado da seguinte maneira:

a) Movimento estimulado progressivo propagado difundido:

$$i > 0); (f > 0); (\eta > 0); (\mu > 0)$$

b) Movimento estimulado progressivo propagado retroativo:

$$(i > 0); (f > 0); (\eta > 0); (\mu < 0)$$

c) Movimento estimulado retrógrado propagado difundido:

$$(i < 0); (f < 0); (\eta < 0); (\mu > 0)$$

d) Movimento estimulado retrógrado propagado retroativo:

$$(i < 0); (f < 0); (\eta < 0); (\mu < 0)$$

e) Movimento destimulado progressivo propagado difundido:

$$(i > 0); (f < 0); (\eta < 0); (\mu > 0)$$

f) Movimento destimulado progressivo propagado retroativo:

$$(i > 0); (f < 0); (\eta < 0); (\mu < 0)$$

g) Movimento destimulado progressivo regressivo difundido:

$$(i > 0); (f < 0); (\eta > 0); (\mu > 0)$$

h) Movimento destimulado progressivo regressivo retroativo:

$$(i > 0); (f < 0); (\eta > 0); (\mu < 0)$$

i) Movimento destimulado retrógrado propagado difundido:

$$(i < 0); (f > 0); (\eta > 0); (\mu > 0)$$

j) Movimento destimulado retrógrado propagado retroativo:

$$(i < 0); (f > 0); (\eta > 0); (\mu < 0)$$

k) Movimento destimulado retrógrado regressivo difundido:

$$(i < 0); (f > 0); (\eta < 0); (\mu > 0)$$

l) Movimento destimulado retrógrado regressivo retroativo:

$$(i < 0); (f > 0); (\eta < 0); (\mu < 0)$$

Portanto torna-se evidente que para classificar o movimento dinamizado uniformemente variado é necessário comparar os sinais algébricos da força induzida, da força dinâmica, da intensificação de força e da impulsão da força.

16. Função Intensificação de Força (I)

No estudo do movimento dinamizado uniformemente variado, verificou-se que a intensificação de força de um móvel varia uniformemente no decorrer do tempo.

Neste tipo de movimento a impulsão de força é definida pela seguinte relação:

$$\mu = (\eta - \eta_0)/(t - t_0)$$

Considerando que em (t_0 = 0), tem-se uma intensificação de força inicial (η_0) e em ($t \neq 0$) a intensificação de força (η) num instante qualquer.

Então se pode escrever que:

$$\mu = (\eta - \eta_0)/t$$

Assim pode-se estabelecer a seguinte função:

$$\eta = \eta_0 + \mu \cdot t$$

A referida função representa a natureza existente entre a variação da intensificação de força no decorrer do tempo. Nela as grandezas (η_0) e (μ) são constantes e, portanto, a cada valor de tempo (t) há um correspondente valor de intensificação de força (η).

17. Função Intensificação de Força (II)

No presente estudo foi demonstrada a seguinte verdade:

a) $\Delta\beta = \omega \cdot t$
b) $\Delta\eta = e \cdot \Delta\beta$

Substituição convenientemente as duas últimas expressões, vem que:

$$\Delta\eta = e \cdot \omega \cdot t$$

Como ($\Delta\eta = \eta - \eta_0$), pode-se escrever que:

$$\eta = \eta_0 + e \cdot \omega \cdot t$$

Na referida função as grandezas (η_0) intensificação de força inicial, (e) estímulo e (ω) agilidade são valores constantes nesse tipo de movimento. Portanto, a cada valor de tempo (t), há um correspondente valor de intensificação de força (η).

18. Função Intensificação de Força (III)

No estudo do movimento dinamizado uniformemente variado verificou-se que a variação da intensificação de força é igual ao produto entre o estímulo pela variação da celeridade.

Simbolicamente o referido enunciado é expresso pela seguinte igualdade:

$$\Delta\eta = e \cdot \Delta\beta$$

Como ($\Delta\eta = \eta - \eta_0$) e ($\Delta\beta = \beta - \beta_0$), pode-se escrever que:

$$\eta = \eta_0 + e \cdot (\beta - \beta_0)$$

A referida função caracteriza a intensificação de força no decorrer do tempo. Nela as grandezas (η_0), (e) e (β_0) são constantes e, portanto, a cada valor de celeridade (β) corresponde um valor de intensificação de força (η).

19. Função Posição Dinâmica (I)

Em qualquer movimento a posição dinâmica varia conforme a variação de espaço. Desse modo pode-se escrever que:

$$\Delta\gamma = e \cdot \Delta S$$

Ocorre que no movimento dinamizado o móvel sofre uma variação de espaço caracterizado pela seguinte função:

$$\Delta S = V_0 \cdot t + \alpha_0 \cdot t^2/2 + \beta_0 \cdot t^3/6 + \omega \cdot t^4/24$$

Substituindo convenientemente as duas últimas expressões, resulta que:

$$\gamma = \gamma_0 + e \cdot (V_0 \cdot t + \alpha_0 \cdot t^2/2 + \beta_0 \cdot t^3/6 + \omega \cdot t^4/24)$$

A referida função caracteriza a posição dinâmica de um móvel em movimento dinamizado uniformemente variado.

20. Função Posição Dinâmica (II)

No estudo do movimento dinamizado uniformemente variado demonstra-se que a posição dinâmica (γ) assumida por um móvel no decorrer do seu movimento é uma função do quarto grau em (t), conforme a seguinte expressão:

$$\gamma = \gamma_0 + i_0 \cdot t + f_0 \cdot t^2/2 + \eta_0 \cdot t^3/6 + \mu \cdot t^4/24$$

Considere a seguinte demonstração algébrica: Sabe-se que:

$$i_m = (i + i_0)/2$$

Sabendo-se que:

$$\Delta\gamma = i_m \cdot t$$

Pode-se afirmar que o espaço percorrido pelo móvel é caracterizado por:

$$\Delta\gamma = (i + i_0) \cdot t/2$$

Porém, também se sabe que:

$$i = i_0 + f_0 \cdot t + \eta_0 \cdot t^2/2 + \mu \cdot t^3/6$$

Assim, substituindo convenientemente as duas últimas expressões, obtém-se que:

$$\Delta\gamma = (i_0 + f_0 \cdot t + \eta_0 \cdot t^2/2 + \mu \cdot t^3/6 + i_0) \cdot t/2$$

Logo vem que:

$$\Delta\gamma = (2i_0 + f_0 \cdot t + \eta_0 \cdot t^2/2 + \mu \cdot t^3/6) \cdot t/2$$

Eliminando o termo em evidência, pode-se concluir que:

$$\gamma - \gamma_0 = i_0 \cdot t + f_0 \cdot t^2/2 + \eta_0 \cdot t^3/4 + \mu \cdot t^4/12$$

Portanto resulta que:

$$\gamma = \gamma_0 + i_0 \cdot t + f_0 \cdot t^2/2 + \eta_0 \cdot t^3/4 + \mu \cdot t^4/12$$

Ocorre que o cálculo integral exige a seguinte correção:

$$\gamma = \gamma_0 + i_0 \cdot t + f_0 \cdot t^2/2 + \eta_0 \cdot t^3/6 + \mu \cdot t^4/24$$

Na referida expressão (γ_0) representa a posição dinâmica inicial, (i_0) a força induzida inicial, (f_0) a força

Leandro Bertoldo
Dinamismo dos Movimentos

dinâmica inicial, (η_0) a intensificação de força inicial e, (μ) a impulsão de força constante, característica desse movimento.

21. Função Força Induzida (I)

No presente estudo foi demonstrada a realidade das seguintes expressões:

a) $\Delta i = e \cdot \Delta v$
b) $\Delta V = \alpha_0 \cdot t + \beta_0 \cdot t^2/2 + \omega \cdot t^3/6$

Substituindo convenientemente as duas últimas expressões, resulta que:

$$i = i_0 + e \cdot (\alpha_0 \cdot t + \beta_0 \cdot t^2/2 + \omega \cdot t^3/6)$$

A referida expressão caracteriza a força induzida de um móvel em movimento dinamizado uniformemente variado.

22. Função Força Induzida (II)

Demonstra-se com relativa facilidade que a função força induzida de um móvel animado por um movimento dinamizado uniformemente variado é uma função do terceiro grau em (t), conforme caracterizado pela seguinte expressão:

$$i = i_0 + f_0 \cdot t + \eta_0 \cdot t^2/2 + \mu \cdot t^3/6$$

Para simplificar, observe a seguinte demonstração algébrica:

$$f_m = (f + f_0)/2$$

Sabendo-se que:

$$\Delta i = f_m \cdot t$$

Portanto a variação de velocidade apresentada pelo móvel é caracterizada por:

$$\Delta i = (f + f_0) \cdot t/2$$

Porém, também se sabe que:

$$f = f_0 + \eta_0 \cdot t + \mu \cdot t^2/2$$

Assim, substituindo convenientemente as duas últimas expressões, obtém-se que:

$$\Delta i = (f_0 + \eta_0 \cdot t + \mu \cdot t^2/2 + f_0) \cdot t/2$$

Logo vem que:

$$\Delta i = (2f_0 + \eta_0 \cdot t + \mu \cdot t^2/2) \cdot t/2$$

Eliminando o termo em evidência, pode-se concluir que:

$$i - i_0 = f_0 \cdot t + \eta_0 \cdot t^2/2 + \mu \cdot t^3/4$$

Portanto resulta que:

$$i = i_0 + f_0 \cdot t + \eta_0 \cdot t^2/2 + \mu \cdot t^3/4$$

Ocorre que o cálculo integral exige a seguinte correção:

$$i = i_0 + f_0 \cdot t + \eta_0 \cdot t^2/2 + \mu \cdot t^3/6$$

Nessa expressão as grandezas (i_0), (f_0), (η_0) e (μ), são constantes no decorrer do movimento.

23. Função Força Dinâmica (I)

No movimento dinamizado uniformemente variado demonstra-se a realidade das seguintes expressões:

a) $\Delta f = e \cdot \Delta\alpha$
b) $\Delta\alpha = \beta_0 \cdot t + \omega \cdot t^2/2$

Substituindo convenientemente as duas últimas expressões, vem que:

$$f = f_0 + e \cdot (\beta_0 \cdot t + \omega \cdot t^2/2)$$

Logo, no movimento dinamizado uniformemente variado, a força dinâmica de um móvel é uma função do segundo grau em (t).

Nela (f_0) é a força dinâmica inicial, (e) o estímulo, (β_0) a celeridade inicial e, (ω) a agilidade. Essas grandezas são valores constantes nesse tipo de movimento.

24. Função Força Dinâmica (II)

No movimento dinamizado uniformemente variado, a força dinâmica que atua num móvel no decorrer do tempo é uma função do segundo grau em (t), conforme apresenta a seguinte equação:

$$f = f_0 + \eta_0 \cdot t + \mu \cdot t^2/2$$

Observe a demonstração dessa equação:

$$\eta_m = (\eta + \eta_0)/2$$

Sabendo-se que:

$$\Delta f = \eta_m \cdot t$$

Portanto a variação da aceleração apresentada pelo móvel é expressa por:

$$\Delta f = (\eta + \eta_0) \cdot t/2$$

Porém, também se sabe que:

$$\eta = \eta_0 + \mu \cdot t$$

Assim, substituindo convenientemente as duas últimas expressões, obtém-se que:

$$\Delta f = (\eta_0 + \mu \cdot t + \eta_0) \cdot t/2$$

Logo vem que:

$$\Delta f = (2\eta_0 + \mu \cdot t) \cdot t/2$$

Eliminando o termo em evidência, pode-se concluir que:

$$f - f_0 = \eta_0 \cdot t + \mu \cdot t^2/2$$

Portanto resulta que:

$$f = f_0 + \eta_0 \cdot t + \mu \cdot t^2/2$$

Observa-se que (f_0) é a força dinâmica inicial, (η_0) é a intensificação de força inicial e, (μ) é a impulsão de força. E, evidentemente, no decorrer desse tipo de movimento, são valores constantes.

25. Quadrado da Intensificação de Força

No presente trabalho foi apresentada a seguinte equação:

a) $f = f_0 + \eta_0 \cdot t + \mu \cdot t^2/2$
b) $\eta = \eta_0 + \mu \cdot t$

Substituindo convenientemente as duas últimas expressões e eliminando a variável (t), obtém-se a seguinte equação:

$$\eta^2 = \eta_0^2 + 2\mu \cdot \Delta f$$

Esta é a equação da intensificação de força ao quadrado e caracteriza o movimento dinamizado uniformemente variado.

26. Cubo da Intensificação de Força

No presente trabalho foi apresentada a realidade das seguintes funções:

a) $i = i_0 + f_0 \cdot t + \eta_0 \cdot t^2/2 + \mu \cdot t^3/6$
b) $\eta = \eta_0 + \mu \cdot t$

Substituindo convenientemente as duas últimas expressões e eliminando a variável (t), obtém-se a seguinte equação:

$$\eta^3 = \eta_0{}^3 + 6\Delta i \cdot \mu^2$$

Esta é a denominada equação da intensificação de força ao cubo que caracteriza o movimento dinamizado uniformemente variado.

27. Quarta Potência da Intensificação de Força

No presente capítulo foi demonstrada a seguinte verdade:

a) $\gamma = \gamma_0 + i_0 \cdot t + f_0 \cdot t^2/2 + \eta_0 \cdot t^3/6 + \mu \cdot t^4/24$
b) $\eta = \eta_0 + \mu \cdot t$

Substituindo convenientemente as duas últimas expressões e eliminando a variável (t), obtém-se a seguinte equação:

$$\eta^4 = \eta_0{}^4 + 24\Delta\gamma \cdot \mu^3$$

Esta é a equação da intensificação de força à quarta potência que representa o movimento dinamizado uniformemente variado.

7. Resumo

1. Introdução

No presente capítulo serão apresentados resumidamente os principais conceitos estabelecidos no estudo de cada tipo de movimento. Sendo que no presente livro cada tipo movimento será considerado em função da força dinâmica que atua no móvel. Também será apresentado um quadro contendo as principais equações que foram apresentadas no presente trabalho.

2. Leis do Movimento no Dinamismo

Na Mecânica os mais diversos tipos de movimentos podem ser classificados e explicados unicamente em função do comportamento das forças que atuam sobre o móvel.

I - Repouso (R)
Se a partir do repouso um corpo não sofre a ação de forças externas, ele permanecerá em repouso. Nesse caso a força dinâmica é chamada por "força vazia".
Simbolicamente o referido enunciado é expresso por:

$$R \rightarrow f = h\ (\ )$$

Assim, no repouso a força dinâmica é uma força de função vazia.

II - Movimento Uniforme (MU)

O movimento uniforme é caracterizado pela ausência de forças aplicadas sobre o móvel no momento em que está sendo observado.

Simbolicamente o referido enunciado é expresso por:

$$MU \rightarrow f = h\,(0)$$

Portanto no movimento uniforme a força dinâmica é uma função nula.

III - Movimento Uniformemente Variado (MUV)

O movimento uniformemente variado é caracterizado pela ação de uma força dinâmica de intensidade constante que atua no móvel.

Simbolicamente o referido enunciado é expresso por:

$$MUV \rightarrow f = h\,(cte)$$

Logo no movimento uniformemente variado a força dinâmica é uma função constante.

IV - Movimento Dinâmico Uniformemente Variado (MdUV)

O movimento dinâmico uniformemente variado é caracterizado pela ação de uma força dinâmica cuja intensidade varia uniformemente no decorrer do tempo.

Simbolicamente o referido enunciado é expresso por:

$$MdUV \rightarrow f = h\,(t)$$

Assim no movimento dinâmico uniformemente variado, a força dinâmica é uma função do tempo.

V - Movimento Dinamizado Uniformemente Variado (MDUV)

O movimento dinamizado uniformemente variado é caracterizado pela ação de uma força dinâmica cuja intensidade varia uniformemente com o quadrado do tempo. Simbolicamente o referido enunciado é expresso por:

$$MDUV \rightarrow f = h\ (t^2)$$

Nesta condição o movimento dinamizado uniformemente variado apresenta uma intensidade de força dinâmica que varia com o quadrado do tempo.

3. Equações Fundamentais

No presente item serão apresentadas as equações fundamentais que alicerçam os mais diferentes movimentos mecânicos estudados na obra.

Repouso
$V = 0$
$i = 0$
$\gamma = cte$
$\gamma = e \cdot S$

Movimento Uniforme
$V = \Delta S/\Delta t$
$i = \Delta\gamma/\Delta t$
$\Delta\gamma = e \cdot \Delta S$
$i = e \cdot V$

Movimento Uniformemente Variado

Leandro Bertoldo
Dinamismo dos Movimentos

$\alpha = \Delta V/\Delta t$

$f = \Delta i/\Delta t$

$\Delta i = e \cdot \Delta V$

$f = e \cdot \alpha$

Movimento Dinâmico Uniformemente Variado

$\beta = \Delta \alpha/\Delta t$

$\eta = \Delta f/\Delta t$

$\Delta f = e \cdot \Delta \alpha$

$\eta = e \cdot \beta$

Movimento Dinamizado Uniformemente Variado

$\omega = \Delta \beta/\Delta t$

$\mu = \Delta \eta/\Delta t$

$\Delta \eta = e \cdot \Delta \beta$

$\mu = e \cdot \omega$

www.ingramcontent.com/pod-product-compliance
Lightning Source LLC
Chambersburg PA
CBHW072155170526
45158CB00004BA/1658